NOTES

SUR

QUELQUES VOYAGES A L'ÉTRANGER

AU POINT DE VUE

DE

L'OBSTÉTRIQUE ET DE LA GYNÉCOLOGIE

1879-1880

Par le Dr J. RENDU

Chef de clinique d'accouchement de la Faculté de médecine de Lyon.
Lauréat de la Faculté de médecine de Paris (Prix Monthyon, 1877).
Et de l'Académie de médecine.
Lauréat de l'Institut (Prix Bréant, Académie des sciences), etc.

PARIS
G. MASSON, EDITEUR
LIBRAIRE DE L'ACADÉMIE DE MÉDECINE
108, Boulevard Saint-Germain et rue de l'Eperon
EN FACE DE L'ECOLE DE MÉDECINE

1881

NOTES

SUR

QUELQUES VOYAGES A L'ÉTRANGER

AU POINT DE VUE

DE

L'OBSTÉTRIQUE ET DE LA GYNÉCOLOGIE

1879-1880

Par le Dr J. RENDU

Chef de clinique d'accouchement de la Faculté de médecine de Lyon.
Lauréat de la Faculté de médecine de Paris (Prix Monthyon, 1877).
Et de l'Académie de médecine.
Lauréat de l'Institut (Prix Bréant, Académie des sciences), etc.

PARIS
G. MASSON, EDITEUR
LIBRAIRE DE L'ACADÉMIE DE MÉDECINE
108, Boulevard Saint-Germain et rue de l'Eperon
EN FACE DE L'ECOLE DE MÉDECINE

1881

NOTES SUR QUELQUES VOYAGES A L'ÉTRANGER

AU POINT DE VUE

DE L'OBSTÉTRIQUE ET DE LA GYNÉCOLOGIE.

1879-1880

J'ai visité l'année dernière et cette année, surtout au point de vue obstétrical et gynécologique, les universités de Londres, celles de la Suisse, et les principales de l'Italie, de l'Autriche et de l'Allemagne, et en relisant les notes que j'ai recueillies dans ces différents voyages, il m'a paru intéressant d'en publier au moins la partie la plus originale.

Lorsqu'on visite un pays étranger on est généralement tenté d'admirer outre mesure toutes les choses nouvelles et utiles que l'on y rencontre, et trop souvent, au retour, sans avoir suffisamment recherché leur côté défectueux, on s'efforce de faire partager son enthousiasme à ses compatriotes. Connaissant cet écueil, j'ai fait tous mes efforts pour l'éviter.

Dans un premier paragraphe je relaterai, en les groupant successivement sous différents titres, mes observations générale ayant trait à l'obstétrique; dans le second je consignerai celle qui se rattachent à la gynécologie; le troisième sera consacré à quelques notes particulières recueillies dans la plupart de ces universités.

§ 1. — Observations générales sur l'obstétrique,

I. — *Des maternités.*

L'organisation de l'assistance publique pour les accouchements n'est pas la même partout. Ici les parturientes sont reçues dans des maternités; là on les secoure à domicile; ailleurs enfin, les soins leur sont simultanément donnés chez elles et dans les maternités.

1° *Dans les maternités.* — Les maternités sont le mode d'assistance le plus répandu; il y en a dans toutes les grandes villes de l'Italie, de la Suisse, de l'Autriche et de l'Allemagne. (Pour plus de détails, consulter le rapport officiel de mon savant ami, le Dr Budin, au ministre de l'instruction publique, avril 1879.)

La plupart sont très bien situées et isolées de toute habitation. Celles de construction plus récente (Berne, Zurich, Prague, Fribourg en Brisgau) semblent réunir toutes les conditions d'hygiène désirables : aération, lumière, espace, propreté, etc. Je dois toutefois mentionner spécialement la ville de Halle dont la maternité, comme d'ailleurs les hôpitaux de clinique, présente un confortable que je n'ai vu nulle part surpassé.

Je ne puis pas en dire autant de Naples (hôpital Jésu-Maria), de Venise et surtout de Vienne, car dans ces villes on n'a pas encore affecté de bâtiment séparé aux soins des femmes en couches; celles-ci occupent une certain nombre de salles dans l'hôpital général.

Les maternités allemandes et suisses peuvent être comparées, au point de vue administratif, à nos asiles départementaux d'aliénés. Le médecin-directeur est chargé à la fois du service médical et de la direction de l'établissement. Dans plusieurs villes même (Prague, Dresde, Berlin, Leipzig, Halle), c'est là qu'il habite. Il est secondé par un ou plusieurs assistants, dont le traitement s'élève de 1,000 à 1,800 francs par an. L'un de ces assistants (1) a pour fonctions exclusives de soigner dans une salle séparée les femmes présentant des accidents puerpéraux (irrigations intra-utérines, bains froids, etc.) (2).

2° *A domicile.* — Cette habitude de secourir les parturientes dans leur propre maison, existe depuis longtemps à Londres. Dans cette ville, en effet, à part deux ou trois maisons d'accouchements, destinées à l'intruction des élèves sages-femmes, il n'y a pas, à proprement parler, de maternités.

On sait qu'à chaque hôpital de Londres est annexée une école de médecine. Le professeur d'obstétrique et de gynécologie a uniquement un service hospitalier de maladies de femmes. Son assistant (house surgeon) porte le titre de *résident accoucheur* et a la direction des élèves. Tous les quinze jours il en désigne un ou deux pour les accouchements qui se présenteront. Lorsqu'on le prévient qu'une femme du district de l'hôpital est aux douleurs, il envoie cet élève, et ordinairement ne l'accompagne que si l'accouchement est laborieux. L'élève doit ensuite surveiller les suites de couches; il a de la sorte, chaque jour, un certain nombre de visites à faire. Le résident accoucheur reçoit de lui les renseignements sur l'état de ses clientes, et lui donne son concours sitôt qu'il survient quelque chose d'anormal.

Tenant à voir par moi-même le fonctionement de cette assistance à domicile, j'ai accompagné M. Silk, le résident accoucheur de King's College Hospital et l'élève de service. Inutile de

---

(1) C'est quelquefois un étudiant.

(2) On sait que dans les maternités de la Suisse, de l'Autriche et de l'Allemagne, une ou plusieurs pièces renfermant sophas, bibliothèques, bureau, etc., sont réservées aux étudiants. Ceux-ci peuvent s'y installer et même y passer la nuit, pour suivre les accouchements. A Prague on a même consacré deux salles de 20 lits pour les étudiants inscrits aux cours d'obstétrique (professeurs Streng et Breiski). Les élèves y restent un semestre, moyennant la somme de 10 florins (20 francs), payés à l'administration.

rappeler ici la misère profonde dans laquelle vit la classe pauvre de Londres. « Et pourtant, dans de telles conditions, me disait M. Silk, l'état sanitaire des accouchées est assez satisfaisant. »

3° *Assistance simultanée en ville et dans les maternités.* Dans la plupart des universités russes et allemandes (Berne, Zurich, Berlin, Leipzig, Halle, etc.) il existe, indépendamment de la maternité, un service organisé de secours à domicile. Le soin en est ordinairement confié au premier assistant de la maternité.

Ce service offre de sérieux avantages au point de vue de l'enseignement, car il fait bénéficier les élèves de tous les accouchements laborieux qui se présentent dans la classe pauvre, éléments d'instruction, qui, sans cela, seraient perdus.

Il suffit, en effet, de savoir combien sont relativement peu fréquents les cas de dystocie, et surtout combien sont rares ceux auxquels assistent les étudiants, pour appécier l'utilité d'une telle organisation. L'assistant appelé en ville pour un cas de ce genre emmène avec lui, à tour de rôle, un ou plusieurs des étudiants inscrits, souvent même, il les fait opérer sous ses yeux.

Le Dr Huter, assistant de la polyclinique obstétricale de Strasbourg, avec qui j'allais un jour visiter une femme venant d'avorter, me disait que sur 130 accouchements environ qu'il fait par année, plus de la moitié sont des cas de dystocie ; ce fait s'explique aisément, puisque les sages-femmes n'envoient ordinairement chercher du secours que lorsque l'accouchement n'est pas régulier.

II. — *De l'accouchement sur le côté.*

L'accouchement sur le côté, connu sous le nom d'accouchement à l'anglaise, parce que c'est ainsi qu'on accouche les femmes en Angleterre, est pratiqué dans la plupart des maternités de la Suisse et de l'Allemagne, mais seulement chez les primipares. Les multipares sont accouchées sur le dos comme en France, parce que la souplesse des organes génitaux externes les garantit davantage contre les déchirures perinéales.

En effet, le principal avantage de cette méthode est de rendre beaucoup moins fréquentes chez les primipares les déchirures du périnée. On surveille très bien la distension progressive de celui-ci et de la vulve, et, par conséquent, on juge mieux de la résistance que la main doit opposer; de plus, l'accoucheur est mieux placé pour rendre cette résistance efficace.

Je n'exagère pas en disant qu'en France, près de la moitié des primipares ont des déchirures plus ou moins grandes du périnée. A la maternité de Vienne, au contraire, où il se fait par année plus de 9,000 accouchements, la proportion de ces déchirures chez les primipares est de 6 p. 100; elle est de 10 p. 100 si l'on considère comme déchirures, les débridements faits au bistouri boutonné.

Cependant, pour obtenir de tels résultats je dois dire qu'il ne suffit pas, au moment de la sortie de l'enfant, de faire coucher la femme sur le côté, et de soutenir plus ou moins bien la région périnéale; il y a encore une certaine pratique à acquérir. Grâce à l'obligeance du professeur C. Braun et de ses deux assistants, les Drs Pawlik et Welponner, j'ai passé trois nuits à la maternité de Vienne, et j'ai fait moi-même, avec l'aide, je dirais volontiers, sous la direction des sages-femmes de service, lesquelles sont très expérimentées sur ce point, *vingt et un* accouchements sur le côté.

Voici, en quelques mots, le manuel opératoire. Quand la tête est à la vulve, on fait coucher la femme sur le côté gauche, la jambe droite étant relevée et soutenue par un aide. L'accoucheur, placé à droite de la parturiente, passe sa main gauche entre les cuisses de la femme et la porte en arrière, de manière à appliquer sa face palmaire sur la tête de l'enfant. De la main droite il soutient le périnée, mais cette résistance qu'il lui oppose ne doit pas être passive. Il doit, au contraire, au moment de chaque douleur, *presser* énergiquement sur la région sacro-coccygienne, et *refouler* en avant, sur la tête de l'enfant, le plus de téguments possible. Pendant ce temps, la main gauche retient solidement la tête à la vulve et s'oppose à sa sortie *sous l'influence des contractions utérines*. Dans l'intervalle des douleurs la tête rentre pour reparaître bientôt. Ce mouvement forcé de va-et-vient, auquel la tête est soumise, a pour effet de distendre peu à peu et d'assouplir l'orifice vulvaire. Enfin, la tête sort et se défléchit. Il faut, je le répète, éviter soigneusement que cette expulsion ait lieu au moment où la femme pousse, et ne la laisser se produire que lorsque la douleur a presque disparu. De plus, on doit soutenir le périnée jusqu'à la fin, car le dégagement des épaules est ordinairement plus funeste à la fourchette périnéale, que la sortie de la tête.

Depuis mon retour à Lyon, j'accouche ainsi les primipares à la clinique de la Charité, et M. le professeur Bouchacourt recommande instamment dans ses cours, cette méthode aux élèves.

III. — *Des lits de paille dans les maternités.*

Un grand nombre de maternités de la Suisse et de l'Allemagne (Berne, Zurich, Dresde, Berlin, Strasbourg, etc.) possèdent des lits de paille, qui, renouvelés à la sortie de chaque femme, semblent devoir mettre les parturientes à l'abri de la contagion des accidents puerpéraux, et constituer de la sorte une mesure d'hygiène excellente. La paille est ensuite vendue ou brûlée.

Ce système de lits de paille ne me paraît pas offrir des avantages bien sérieux, et je crois, au point de vue prophylactique, que la profusion du linge propre et des alèzes de caoutchouc placées sous les draps du lit de douleurs, sont dans l'immense majorité des cas, des précautions suffisantes.

IV. — *Du degré d'instruction des élèves sages-femmes et des étudiants en médecine à l'étranger.*

Élèves sages-femmes. — L'enseignement que l'on donne aux élèves sages-femmes est le même en Suisse, en Autriche et en

Allemagne ; en Italie il se rapprocherait plutôt du nôtre par la durée des études, qui y est de neuf mois environ. Partout les élèves sont internées et, comme chez nous, attachées à une maternité. Un professeur ordinaire ou extraordinaire, secondé par un assistant, leur fait un cours quatre ou cinq fois par semaine.

Durant mes voyages je me suis appliqué à recueillir sur ce sujet le plus de matériaux possible. J'ai relevé dans chaque université le nombre des élèves inscrites, celui des heures de leçon, le chiffre moyen des accouchements faits par une élève, etc.; mais, ce qui m'a le plus vivement frappé dès le début, c'est la courte durée des études que l'on exige d'elles en Allemagne, et conséquemment, l'infériorité de leur instruction, comparée à celle que reçoivent en France nos élèves sages-femmes.

Tandis que dans nos maternités, à Paris et à Lyon, par exemple, les élèves sages-femmes mettent deux années entières avant de subir l'examen qui doit leur conférer le brevet, examen auquel il n'est même pas rare de les voir échouer, au delà du Rhin, au contraire, il suffit en moyenne de quatre mois, à des femmes ignorantes, sachant à peine lire et écrire, pour obtenir le diplôme d'accoucheuse.

A Munich il ne se fait qu'un seul cours par année pour les élèves sages-femmes. Ce cours commence au mois d'août et finit le 1er décembre. J'étais à cette époque dans cette ville : sur 70 élèves ayant suivi le cours, 70 ont été reçues à l'examen. La plupart étaient des paysannes de 25 à 35 ans. Une fois cet examen passé, elles ont le droit d'aller pratiquer dans toute l'Allemagne. Chaque année, ou tous les deux ans, elles subiront devant le médecin du canton une épreuve moitié écrite, moitié orale, du reste sans importance. Les élèves sages-femmes qui s'inscrivent trop tard pour pouvoir loger à la maternité, doivent habiter tout près, afin qu'on puisse les appeler pour les accouchements. Quand un accouchement survient, la sage-femme ou l'une de ses sous-maîtresses y assiste avec trois élèves; l'une de celles-ci fait l'accouchement et les deux autres sont spectatrices,

Chaque élève, pour obtenir le diplôme, doit avoir fait *quatre* accouchements et assisté à deux. A Lyon, nos élèves sages-femmes ont fait chacune plus de *cent* accouchements lorsqu'elles subissent leur examen.

A Berne, la cinquième partie du canton (Jura bernois) parlant français, le cours est fait en français tous les cinq ans. A Bâle, le cours dure cinq mois. A Zurich, il en dure six. La sage-femme chargée de l'instruction des élèves, prend avec elle trois de celles-ci pour assister à chaque accouchement, et, comme il y a 24 élèves pour les 120 accouchements du semestre, chaque élève ne voit ou ne fait en tout que cinq accouchements avant de pratiquer. Son instruction est donc insuffisante; il en est de même dans toute la Suisse.

A Prague, c'est le professeur Weber, directeur de la maternité, qui enseigne les élèves sages-femmes. Son cours dure quatre mois. Il le fait trois fois par année, deux fois dans la langue allemande, une fois dans la langue tchèque. Une maison voisine de la maternité est louée par les élèves, qui y logent toutes, moyennant 5 florins (10 fr.) pour la durée du cours. Tous les six ou huit jours elles sont de service dans les salles et y passent une nuit. Chaque cours est suivi par 80 à 90 élèves. Or, il se fait annuellement mille accouchements dans le service du professeur Weber; une élève n'en voit donc que trois ou quatre environ, mais ce nombre n'est même pas exigé pour l'obtention du brevet, qui confère le droit de pratiquer sur tout le territoire de l'empire autrichien (1).

La durée du cours est de cinq mois à Berlin, Leipzig, Fribourg en Brisgau; de quatre à Heidelberg, et il faut arriver à Strasbourg pour retrouver des études déjà plus sérieuses. Dans cette ville le cours dure neuf à dix mois. Le professeur Aubenas, qui en est chargé, me disait qu'à leur arrivée à l'université de Stras-

(1) Une coutume bien en rapport avec l'origine slave de ces populations m'a frappé en visitant la maternité de Prague. Le professeur Weber était à tout moment arrêté dans les corridors par les élèves sages-femmes, qui lui prenaient la main pour la baiser, en signe de respectueuse soumission.

bourg, les professeurs allemands avaient été surpris du développement relatif donné à l'instruction des élèves sages-femmes

Etudiants en médecine. — Je viens de constater qu'en Allemagne les élèves sages-femmes reçoivent une instruction de beaucoup inférieure à celle qui leur est donnée en France. Il n'en est pas de même pour les étudiants en médecine. Ceux-ci, et je le déclare à regret, sont au contraire plus familiarisés que chez nous, avec la pratique des accouchements. Rien, du reste, d'étonnant à cela.

Tandis qu'à l'étranger on met à la dispositition des futurs docteurs la plus grosse part des éléments d'instruction que l'on possède, — et c'est justice, puisque ce sont eux qui auront plus tard à intervenir dans les cas difficiles, — en France, laissant subsister une coutume regrettable, nous donnons aux élèves sages-femmes, au détriment des étudiants en médecine, la plus grande partie des ressources de nos maternités.

A Paris, par exemple, il se fait annuellement à la Maternité 1,200 accouchements, dont les élèves sages-femmes seules profitent, tandis qu'à la Clinique, qui est ouverte aux étudiants, il ne s'en fait que 900. A Lyon, on peut en compter 220 à 250 pour les étudiants et 800 pour les futures sages-femmes.

Que l'on rapproche maintenant ces chiffres des suivants : à Vienne, sur 9,000 accouchements, il y en a 6,000 pour l'instruction des étudiants ; à Prague, 2,000 sur 3,000 ; à Strasbourg, sur 650 (services réunis des professeurs Freund et Aubenas et polyclinique), il y en a 450 et 500 (1). Dans d'autres villes, Leipzig, Munich, Berne, Zurich, etc., les maternités sont communes aux étudiants et aux élèves sages-femmes, mais le service de la polyclinique est réservé exclusivement aux premiers, ce qui est pour eux un avantage considérable. A Leipzig, par exemple, pendant qu'il se fait annuellement à la

(1) A Berlin, on construit actuellement dans l'Altstadt une nouvelle clinique obstétricale, beaucoup plus importante que celle de Dorothenstrasse, jusqu'ici réservée aux étudiants.

maternité 250 accouchements, il s'en fait près de 400 à la polyclinique ; à Halle, le chiffre de la polyclinique atteint 250 à 300, et celui de la maternité seulement 150. Toutefois, cette proportion est loin d'être la même partout. Dans quelques villes, le mouvement de la polyclinique n'égale que la moitié, ou seulement même le tiers, de celui de la maternité. Ajoutons enfin à cela, qu'il y a dans les polycliniques, une bien plus grande proportion de cas de dystocie.

J'ai montré plus haut qu'à Londres également, on favorisait plus l'instruction des jeunes médecins que celle des élèves sages-femmes. Celles-ci en effet sont internées dans deux ou trois maternités, du reste peu considérables, et l'immense majorité des accouchements sont faits à domicile par les étudiants, sous la direction du résident accoucheur de l'hôpital le plus voisin.

Toutefois, il est une autre raison de la supériorité des étudiants étrangers en matière d'accouchement que celle du plus grand matériel mis à leur disposition ; je veux parler de la méthode d'enseignement adoptée aujourd'hui dans toute l'Allemagne, en Autriche et en Suisse.

On sait qu'en Allemagne tous les cours sont payés, je dirais presque tarifés : en moyenne, 40 à 50 francs par semestre. L'élève, en allant s'inscrire chez le professeur, reçoit un numéro, car dans la plupart des cliniques les places sont numérotées comme les fauteuils au théâtre. Ce système, malgré son cachet de mercantilisme, qui nous heurte à cause de nos habitudes françaises, a pourtant un bon côté. L'élève, obligé de payer son cours, le suit mieux : c'est là, d'après ce que j'ai vu, un fait incontestable.

Mais, cette remarque générale à part, y a-t-il donc en Allemagne quelque chose de particulier dans l'enseignement de l'obstétrique ? Oui, les élèves sont plus que chez nous initiés à la *pratique* des accouchements et aux opérations de la dystocie. Le professeur fait généralement deux cours : l'un théorique pour les commençants, c'est le cours des *auscultants ;* l'autre, pour les élèves plus avancés, comprend les opérations sur le mannequin ou sur le cadavre, l'auscultation et le toucher des femmes enceintes, en un mot la clinique : c'est le cours des *pratiquants*. J'ai assisté au cours du professeur Hecker, à Munich; les 45 étudiants inscrits étaient tous présents. Il y avait plusieurs mannequins et chaque élève répétait lui-même l'opération faite par le professeur (1).

La plupart des assistants font aussi des cours, ou mieux, donnent des répétitions d'exercices pratiques.

A Vienne, j'ai vu C. Braun, à un examen de doctorat, faisant faire aux candidats, sur le mannequin et sur de vrais fœtus, des applications de forceps, des versions et la crâniotomie. J'ai assisté à Prague à un examen semblable. Eh bien, en France, combien d'étudiants seraient embarrassés, si au cinquième examen de doctorat on leur demandait d'en faire autant ! Et pourtant, quelques jours après cette épreuve, ces jeunes docteurs seront appelés à pratiquer ces mêmes opérations, non plus sur le mannequin, mais bien sur des personnes pleines de vie.

§ 2. — Observations générales sur la gynécologie.

I. — *De l'enseignement de la gynécologie à l'étranger.*

On donne à l'étranger une grande importance à l'étude de la gynécologie. Cet enseignement est mis en Angleterre, en Suisse, en Autriche et en Allemagne, sur le même pied que l'art des accouchements. Il y a même dans beaucoup d'universités, pour l'obtention du grade équivalent à celui de docteur, un examen portant spécialement sur ces matières.

Le même professeur est généralement chargé à la fois de l'obstétrique et de la gynécologie. Le professeur anglais n'a, à

(1) Détail original, tout près de moi était assis sur les bancs, le jeune prince Ferdinand Witelsbach, de la famille régnante de Bavière, qui étudie la médecine et suit très assidûment le cours d'obstétrique.

l'hôpital, qu'un service de maladies de femmes, auquel est quelquefois annexée une salle d'enfants ; nous avons vu plus haut qu'en Angleterre les accouchements se font à domicile. En Suisse et dans les pays d'outre Rhin, on consacre ordinairement à ces maladies un étage entier, ou seulement quelques salles de la maternité.

Une chose qui m'a surpris tout d'abord, c'est le petit nombre de lits de chacun de ces services, d'où sont pourtant sortis tant de travaux remarquables. A Londres (1), par exemple, Playfair n'a que 12 lits à King's College Hospital; Mathœus Duncan, 18 à Bartholomew's Hospital ; Barnes, 12 à St-Georg's Hospital, etc. C. Braun en a 25 à Vienne; Breiski, 20 à Prague ; Schrœder, 28 à la Charité royale de Berlin ; Olshausen, 28 à Halle ; Müller, 20 à Berne, etc. On voit par ces chiffres qu'à Lyon, le service gynécologique de mon ancien maître, M. le professeur Laroyenne, qui contient 25 lits, n'a rien à envier à ceux de ces différentes villes. Il ne semble pas, de prime abord, que de telles cliniques puissent offrir de grandes ressources pour l'instruction, étant donné le chiffre peu élevé de malades qu'elles renferment; et, cependant, quand on parcourt ces services, où pas un cas n'est admis s'il n'est vraiment intéressant, on est bien vite convaincu du contraire. Du reste, indépendamment de ces services hospitaliers, il y a encore, comme chez nous, un système organisé de consultations gratuites, je veux parler de la *polyclinique*. C'est ordinairement un assistant, quelquefois même un professeur extraordinaire qui en est chargé.

Le cathétérisme de l'utérus à l'aide de l'hystéromètre est incontestablement un des moyens les plus précieux d'investigation que nous possédions en gynécologie; je l'ai pratiqué moi-même un très grand nombre de fois à la Charité, étant alors

(1) On sait qu'à Londres les malades de médecine et de chirurgie sont mêlés dans les salles ; aussi, chaque lit porte-t-il le nom du médecin ou du chirurgien traitant. Il n'y a de salles propres que pour la gynécologie et pour les maladies des yeux.

interne de M. Laroyenne, et jamais je n'ai provoqué le moindre accident. Cependant, j'ai vu des patriciens français considérer cette petite opération comme n'étant pas sans danger, et qui, pour ce motif, ne la font que rarement et toujours avec la plus grande circonspection. Désirant fixer mon opinion sur ce point, j'ai interrogé tous les gynécologistes étrangers que j'ai vus, et tous ont été unanimes à me répondre que le cathétérisme de l'utérus, fait par une main prudente et expérimentée, est sans inconvénient pour les malades. Playfair, à qui je posais cette question à l'hôpital, me répondit que dans la matinée, il avait déjà cathétérisé six ou sept personnes de sa clientèle.

En Angleterre, tout examen ou opération portant sur les voies génitales de la femme, est faite, celle-ci étant couchée sur le côté gauche, la cuisse droite à demi fléchie sur le bassin. Les femmes ont une pudeur extrême, qui contraste assez avec ce que nous voyons d'habitude sur le continent. Pour les examiner dans les salles, on déploie un paravent autour du lit de la malade, le chirurgien se met à genoux, car les lits sont peu élevés, et il touche à couvert.

De toutes les remarques générales que j'ai pu faire concernant la gynécologie, celle qui m'a certainement le plus frappé est la suivante : l'étude de la gynécologie est poussée plus activement à l'étranger qu'en France ; on y produit plus de travaux, parce que depuis longtemps ; plus que chez nous, des hommes, souvent éminents se sont spécialisés dans cette branche de la chirurgie. Ainsi, à Lyon, c'est seulement depuis quelques années que les étudiants peuvent trouver dans un service particulier des éléments suffisants de travail et d'instruction.

II. — *Quelques réflexions à propos de l'ovariotomie.*

J'ai tenu, après ces remarques générales, à consigner ici séparément quelques-unes de mes notes sur l'une des opérations les plus graves de la gynécologie ; je veux parler de l'ovariotomie. Ce qui a trait au cancer du col et à quelques autres affections de l'appareil génital sera relaté dans le paragraphe suivant.

Ayant vu à l'étranger un certain nombre des hommes les plus compétents sur ce sujet, Barnes, Smith, Thornton, Spencer Wells, C. Braun, Schrœder, Kœberlé, etc., je raconterai ce que j'ai vu, ce que j'ai appris, car j'ai eu la bonne fortune d'assister à des opérations de la plupart d'entre eux.

Et d'abord à Londres.

Les chirurgiens anglais se conforment rigoureusement à la méthode antiseptique de Lister, lorsqu'ils font une ovariotomie. J'ai pu en juger par comparaison, en allant visiter le service de Lister lui-même, à King's College Hospital. Inutile dès lors de répéter ce que maintenant tout le monde sait en France, à savoir les soins extrêmes de propreté et de désinfection, que l'opérateur doit prendre pour lui et pour ses instruments; M. Aubert (Lyon méd., 1875) et M. Poncet (Id., 1880), à Lyon, nous ont suffisamment renseignés sur ce sujet. Je signalerai cependant la manière dont se font les pulvérisations d'eau phéniquée. Chez nous, nous les faisons presque toujours d'une façon insuffisante : c'est un petit jet de vapeur, plus ou moins dirigé en l'air, et qui ne parvient souvent même pas jusqu'aux parties intéressées. A Londres, au contraire, l'appareil chauffé à l'alcool, vomit constamment des torrents de vapeur, qui, tombant directement sur l'aire opératoire, forment bientôt un brouillard épais qui remplit l'appartement. M. Poncet n'exagérait pas en comparant ce brouillard à celui des bords de la Tamise. Je me rappelle que, assistant un jour à une ovariotomie de Spencer Wells, on distinguait à peine la muraille à 3 mètres de distance.

Pour protéger les malades contre les vapeurs phéniquées, on se sert d'une grande toile blanche caoutchoutée, trouée au centre de manière à ne laisser sous les yeux de l'opérateur que l'abdomen à découvert. Le diamètre de cette ouverture est à peine le double de la longueur qu'aura l'incision. Son pourtour, enduit de diachylum phéniqué, adhère solidement à la peau, et circonscrit nettement le champ opératoire.

L'incision cutanée faite, l'opérateur ne procède plus que par très petits coups de bistouri, de manière à arrêter au fur et à mesure les hémorrhagies. En France, tout en cherchant à réaliser la même indication, bien souvent les coups du bistouri mesurent 3 et 4 centimètres, tandis qu'en Angleterre, ils ne dépassent guère 5 et 10 millimètres.

Les ligatures, soit du pédicule, soit du péritoine et de la paroi abdominale, sont faites avec des fils de soie phéniqué ; le catgut sert pour la ligature des vaisseaux.

Dans les hôpitaux, la femme est endormie à son lit, sous les yeux d'une ou deux personnes, et ensuite portée dans la salle d'opération ; on fait de même en ville. L'anesthésie est produite *brusquement*, car on ne laisse pas, comme en France, de l'air pur se mêler aux vapeurs d'éther ou de chloroforme.

Le nombre des aides est réduit le plus possible, surtout dans la clientèle privée. Le chirurgien n'en emmène ordinairement que deux avec lui : l'un, exclusivement chargé de l'anesthésie ; l'autre, devant prêter son concours dans les différents temps de l'opération. Spencer Wells et Thornton m'ont fait l'honneur de m'admettre à des ovariotomies pratiquées en ville ; j'ai donc pu, tout à mon aise, voir avec quelle extrême simplicité d'appareil ils font cette opération. Le lit sur lequel repose la malade est une table étroite, allongée, de moyenne hauteur, et recouverte d'un matelas. La femme est couchée sur le dos, les bras immobilisés le long du corps, et les membres inférieurs étendus et fixés par des courroies. Smith, que j'ai vu opérer à Bartholomew's Hospital, avait tiré la malade vers le pied du lit, et s'était placé entre ses membres inférieurs.

L'opérateur est debout à droite du lit, les manches de chemise retroussées au-dessus des coudes, et protégé des pieds à la tête par un grand tablier de caoutchouc. A sa portée se trouvent des baquets remplis d'une solution phéniquée où plongent les instruments, et d'autres dans lesquels il se nettoie rapidement les mains, lorsqu'elles sont par trop souillées de sang. Un pulvérisateur à vapeur est installé tout près de là. Deux domestiques ou gardes-malades font le service des éponges L'aide préposé à l'anesthésie ne quitte pas le chevet de la malade ; il surveille uniquement la figure et les mouvements respiratoires de la poitrine, sans s'inquiéter de l'état du pouls.

L'autre aide a un rôle plus actif : placé à gauche du lit, il éponge constamment la main de l'opérateur, la plaie et la surface nue de l'abdomen ; il fait les ligatures qui lui sont présentées et suit attentivement tous les détails de l'opération.

Tels sont en quelques mots les traits saillants d'une ovariotomie pratiquée à Londres.

Spencer Wells, dont le nombre d'opérées dépasse depuis longtemps, comme on le sait, le chiffre de 1,000, prend des soins scrupuleux pour éviter toute espèce d'infection. En clientèle, par exemple, il quitte son habit et fait quitter celui de ses aides, avant d'entrer dans la chambre de la malade. A Samaritan Hospital, son petit hôpital que j'ai visité, mais où il n'opère plus depuis un an, il y avait à la porte un registre, sur lequel chaque médecin désirant assister à une ovariotomie, était tenu de déclarer que, depuis huit jours au moins, il n'avait pas fait d'autopsie, n'était pas allé à l'amphitéâtre, et n'avait vu aucune personne atteinte de maladie infectieuse.

L'éminent gynécologiste se sert du méthylène pour anesthésier ses malades. Selon lui, le sommeil que procure cet agent, est tranquille jusqu'a la fin ; la figure reste bonne, et n'offre pas ces contractions et ces changements brusques de couleur que l'on voit si souvent se produire, lorsqu'on endort à l'éther ou au chloroforme, suivant la méthode anglaise.

Pour réunir les parois abdominales, ce chirurgien fait toujours pénétrer l'aiguille de dedans en dehors, en commençant par le péritoine, qu'il n'omet jamais de saisir avec le reste. Quand je le vis, il abandonnait le pédicule dans la cavité de l'abdomen, car il recherchait alors la valeur de ce procédé.

Les gynécologistes allemands m'ont paru différer un peu des Anglais, dans la pratique de l'ovariotomie.

D'une manière générale, les Allemands suivent moins rigoureusement la méthode antiseptique de Lister ; je fais surtout allusion ici aux pulvérisations phéniquées. Ils procèdent, dans la laparotomie, par coups de bistouri, à la fois plus grands et plus profonds. Ils se préoccupent assez peu de donner à l'incision abdominale une étendue de 15, 20 centimètres et même davantage.

Koeberlé, à Strasbourg, ne suit pas la méthode de Lister. « Les soins de propreté, dit-il, lui suffisent. » La mortalité de ses opérées de l'année dernière n'a été que de 9 p. 100 environ. Dans ces derniers temps cependant, il s'est servi de l'acide phénique, mais il trouve que la cicatrice abdominale est moins jolie, plus large, moins linéaire. De même, il a essayé d'abandonner le pédicule dans l'abdomen, mais, en général, il préfère le fixer dans la plaie. La dépression de la cicatrice, qui en est la conséquence, n'a rien de fâcheux, et il reste maître des hémorrhagies qui peuvent survenir. Dans la suture de la paroi abdominale, il saisit, comme on le sait, la couche fibreuse et la peau, mais non le péritoine dont les bords, selon lui, s'affrontent et se recollent spontanément. L'opération achevée, il se sert, pour soutenir les parois abdominales et les empêcher de tirailler la plaie, de petits rubans effilés à une extrémité, qu'il fixe directement à la peau au-dessus des crêtes iliaques, à l'aide de collodion ; ces rubans sont ensuite noués deux à deux sur la ligne médiane.

A Halle, il y a un grand mouvement de malades dans le service de gynécologie. La nouvelle clinique, à mon passage, n'était ouverte que depuis huit mois, et déjà le professeur Olshausen était à sa trentième ovariotomie. Je ferai à ce propos une réflexion qui vient sans doute à l'esprit de tout le monde et que, du reste, j'ai eu l'occasion de faire plusieurs fois en Allemagne : c'est qu'en France, dans des villes beaucoup plus populeuses que celle dont il s'agit (Halle n'a que 50,000 habitants), on rencontre bien moins de kystes de l'ovaire. Comment expliquer ce fait ? Serait-ce que cette maladie est moins fréquente chez nous ?

J'ai assisté, à l'Allgemeinenkrankenhaus de Vienne, à une ovariotomie excessivement laborieuse, faite par C. Braun. Il s'agissait d'un kyste volumineux dé l'ovaire, avec adhérences. On pulvérisait du thymol, les vapeurs d'acide phénique fatiguant l'opérateur, mais les instruments étaient plongés dans une solution phéniquée. Il y avait six à huit aides pour l'anesthésie (chloroforme), les instruments, les éponges, les ligatures, etc. La malade, comme en Angleterre, était recouverte d'une grande toile blanche caoutchoutée, ne laissant que l'abdomen à découvert. En décollant le kyste, l'intestin se déchira, et l'on dut pratiquer sur ce dernier un certain nombre de ligatures au fil de soie. Il sortit de la poche kystique une grande quantité d'hydatides, après quoi l'opérateur plaça le clamp. Le pédicule fut sectionné au thermo-cautère Pacquelin, et les ligatures faites avec des fils de soie. On découvrit à ce moment, à la surface de l'utérus, des tumeurs fibreuses, de volume variable (mandarines, pommes), plus ou moins sessiles, dont quelques-unes s'énucléèrent assez facilement. Ne pouvant toutes les enlever, C. Braun pratiqua l'hystérotomie avec l'écraseur de Cintrac, un peu au-dessous du tiers moyen de l'organe; mais au moment de refermer définitivement l'abdomen, il découvrit encore un kyste de l'autre ovaire (droit), du volume d'une orange. Le pédicule de ce dernier fut aussi amputé au thermo-cautère. L'opérateur fit la suture de l'abdomen avec huit fils de soie, comprenant à la fois le péritoine et la paroi abdominale; puis il en plaça huit autres intermédiaires, ne comprenant que la peau. Deux drains, plongeant dans la cavité péritonéale, avaient été coupés au niveau de la plaie, et fixés à l'aide d'épingles anglaises. On fit un pansement de Lister. La malade succomba le surlendemain.

De tous les gynécologistes allemands que j'ai vu opérer, Schrœder est celui qui se rapproche le plus, par sa manière de faire, du grand ovariotomiste anglais. Il semble, en effet, copier Spencer Wells sur la plupart des points. De même que ce dernier, il ne prend avec lui que deux aides : l'un chargé de l'anesthésie (chloroforme), l'autre préposé aux ligatures et aux soins multiples indiqués plus haut. Deux infirmières nettoient les éponges. Les instruments sont à proximité, sur une petite table, et il les prend lui-même dans la solution phéniquée. Il suit également avec la plus grande rigueur les préceptes de Lister, soit pendant, soit après l'opération. Je lui ai vu pratiquer quatre ovariotomies. Dans toutes, il a ouvert la poche au bistouri, sans se servir du trocart ; il n'a pas non plus fait usage du clamp. Jamais il ne se sert du catgut, qui, selon lui, se dénoue trop facilement (1). Ses ligatures sont toutes faites au fil de soie, et il ne craint pas d'en laisser vingt, trente perdues dans la cavité péritonéale. Ses malades ne sont pas protégées par la grande toile caoutchoutée dont j'ai parlé plus haut. Avant de donner le premier coup de bistouri, il lave fortement avec une éponge la paroi abdominale et surtout la région du pubis. Enfin, lorsque par la palpation et le toucher vaginal, il a reconnu que l'autre ovaire était sain, il ne va pas à sa recherche pendant l'opération.

Sur les quatre opérations dont j'ai été témoin, trois méritent d'être rapportées dans leurs traits principaux.

1er cas. — Il s'agissait d'une jeune fille qui souffrait depuis trois ans, et que Schrœder avait vainement soignée à la clinique. Le savant gynécologiste croyant être en présence d'un fibro-myome de l'utérus, se refusait à l'opérer ; cependant, pressé par la malade, il céda. L'abdomen ouvert, il reconnut qu'il avait affaire à un kyste de l'ovaire droit, du volume du poing, et sur lequel la trompe utérine adhérait solidement. Celle-ci, formant, pour ainsi dire, le pédicule de la tumeur, fut amputée presque tout entière. Le kyste ainsi enlevé et recouvert de la trompe, ressemblait assez à un énorme testi-

(1) J'ai eu moi-même l'occasion de signaler cet inconvénient du catgut, à propos d'un cas d'opération césarienne, dans les notes que j'ai publiées, il y a deux ans, sous le titre de *Revue de la clinique gynécologique de la Faculté de Lyon*, 1878.

cule coiffé de son épididyme. On découvrit alors qu'il y avait non-seulement adhérence, mais encore communication entre ces deux organes. En effet, lorsqu' on pressait sur le kyste, le liquide sortait en un jet fin par l'orifice de section de la trompe.

2° cas. — Fort intéressant, puisqu'il s'agit d'un kyste du ligament large droit, *diagnostiqué*. La petite tumeur ovoïde, que l'on sentait rouler sur le kyste, était bien l'ovaire. L'opération fut des plus simples. On respecta l'ovaire. La poche, uniloculaire, du volume d'une tête d'adulte, renfermait un liquide incolore, séreux ; elle était sans adhérences.

3e cas. — Ovariotomie pratiquée sur une femme accouchée à terme un mois auparavant. L'assistant, que l'on avait appelé au moment des douleurs pour une grossesse gémellaire, avait reconnu le kyste. Une large incision au bistouri fait sortir de la poche des flots d'un liquide noir (15 litres environ).

Schrœder me dit à propos de cette malade, que sur 6 ovariotomies pratiquées durant la grossesse, il a obtenu 6 guérisons. Il n'a dû enregistrer qu'un seul avortement et un accouchement prématuré (femme opérée à huit mois).

Un mois avant mon passage à Berlin, il avait enlevé par la laparotomie, sur une petite femme chétive, enceinte de quatre ou cinq mois, une *tumeur fibreuse de l'utérus*, du volume d'une tête d'adulte, et deux autres plus petites (volume d'une pomme). Toutes ces tumeurs étaient très ramollies. Le pédicule de la première, ayant un diamètre de deux ou trois doigts, avait été lié par transfixion. La malade avait très bien supporté l'opération, et lorsque Schrœder m'en parlait, elle avait une santé florissante, et sa grossesse continuait à être normale.

§ 3 — Observations particulières sur l'obstétrique et la gynécologie.

Je viens d'exposer dans deux paragraphes successifs, quelques remarques générales sur la manière dont sont pratiquées et enseignées l'obstétrique et la gynécologie dans les pays que j'ai visités. Il me reste maintenant à rapporter les faits particuliers dont j'ai été témoin, ceux-ci intéressant souvent plus le praticien, que les notions générales les plus complètes. Je ne relaterai toutefois que les plus importants, en passant rapidement en revue les différentes universités.

LONDRES. — Il résulte de ce qui a été dit plus haut (absence de maternités, assistance à domicile), que Londres est une ville intéressante surtout pour le gynécologiste.

J'ai vu dans le service de Playfair, à King's College hospital, un cas fort curieux, montrant jusqu'où peut aller quelquefois le traumatisme chez une femme grosse, sans pourtant provoquer l'avortement. Il s'agissait d'une femme de 30 ans environ, mariée depuis huit ans, et n'ayant eu ni enfants, ni fausses couches. Ses règles ayant disparu depuis trois mois, elle était venue consulter Playfair. Celui-ci, trouvant une tumeur dans le cul-de-sac vaginal postérieur, et ne voyant pas le col basculer en avant et en haut, derrière la symphyse, ce qui a lieu, on le sait, lorsqu'un utérus gravide est rétroversé, pensa à une grossesse intra-péritonéale. Il pratiqua alors le cathétérisme utérin avec une sonde en gomme, qui, se repliant en arrière, sembla pénétrer dans la tumeur. La femme perdit un peu de sang à la suite de cette manœuvre, ainsi que des débris membraneux que Playfair n'hésita pas à reconnaître comme provenant de la caduque. Ces lambeaux, qu'il me montra, avaient en effet tous les caractères que l'on décrit à cette enveloppe de l'œuf. Ils étaient cruentés sur l'une de leurs faces et présentaient une certaine épaisseur. L'un d'eux (il y en avait trois ou quatre) mesurait 3 centimètres de diamètre. L'opérateur se trouvait donc en présence d'un utérus gravide, en rétroflexion simple sans rétroversion. La malade fut endormie, et son utérus redressé. Je la vis quelque temps après : elle allait bien et sa grossesse suivait son cours. L'éminent professeur me dit à ce sujet, qu'il lui était déjà arrivé deux fois de cathétériser des femmes enceintes de deux ou trois mois, sans provoquer aucun accident.

Barnes pratique fréquemment l'opération de Marion Sims ; je la lui ai vu faire deux fois le même jour, à Saint George's hospital. L'une de ces opérées était une personne encore jeune, dont l'orifice cervical, en apparence rétréci, semblait empêcher l'écoulement des glaires utérines. Cette femme avait eu des enfants de son premier mari, et ne pouvait, disait-elle, en avoir du second. Sur cette indication, le savant gynécologiste sectionna le col pour laisser un plus libre accès aux spermatozoïdes. En France, nous aurions peut-être recherché, avant d'en venir là, si le mari n'était pas lui-même cause de cette stérilité.

Le musée du Collège royal des chirurgiens de Londres est certainement un des musées les plus intéressants et les plus complets, non-seulement au point de vue de la chirurgie générale, mais encore au point de vue obstétrical et gynécologique. Ce serait dépasser les limites de ce travail, que de vouloir étaler ici la richesse de ses collections (1).

BERNE. — Depuis quelques années, le professeur Müller traite ses malades atteintes de fièvres puerpérales par les irrigations intra-utérines et les bains frais ou froids ; deux bains par jour.

Dans son service de gynécologie, j'ai surtout noté les deux faits suivants :

OBSERVATION I. — *Troubles dysménorrhéiques, castration ; retour des mêmes accidents et des règles.* — X..., 26 ans, réglée à 16 ans, mariée à 21 ; a eu un enfant et deux fausses couches. Ses règles, très profuses, duraient huit jours, s'accompagnant toujours, aux reins et à l'hypogastre, de douleurs qui avaient redoublé depuis un an. En même temps elle présentait un cortège de symptômes hystériques des plus manifestes et des plus rebelles : vomissements, sensation de boule remontant à la

(1) A chaque hôpital de Londres est annexée une école de médecine. Toutes ces écoles sont indépendantes les unes des autres. La plus importante est celle de Bartholomew's hospital.

gorge, étouffements, névralgies, etc. Pour faire disparaître ces phénomènes, Müller avait pratiqué, le 1er mai 1879, la castration des deux ovaires ; la malade guérit en trois semaines. A l'époque où je la vis (21 novembre), ses règles revenaient comme ci-devant ; elle les avaient eues quatre fois depuis l'opération. De même, tous les symptômes hystériques avaient persisté aussi forts qu'auparavant.

Obs. II. — *Enorme prolapsus utérin ; laparotomie suivie de l'amputation de la partie supérieure de l'utérus et de la fixation du moignon dans la plaie abdominale ; récidive.* — Z..., 38 ans, réglée à 18 ans ; n'a eu qu'un seul accouchement, à 21 ans. Le prolapsus utérin a commencé pendant sa grossesse, s'est accusé rapidement (volume du poing), et n'a cessé de croître depuis lors. A son entrée à la maternité (octobre 1878), on constatait, en outre, une cystocèle. Le cathétérisme de l'utérus donnait 12 centimètres, et près de 14 le mois suivant. Müller fit alors (décembre 1878) une colpopérinéorrhaphie suivant la méthode de Bischoff, opération qui fut sans résultat. Le 16 juin 1879, il ouvrit l'abdomen en faisant sur la ligne blanche une incision de 4 à 5 centimètres ; une sonde introduite dans l'utérus porta cet organe jusque dans la plaie. Le clamp fut appliqué, et l'on amputa les deux tiers supérieurs du muscle utérin, en ne laissant, pour ainsi dire, que la portion vaginale, qui fut fixée dans la plaie. L'opérateur extirpa en même temps l'ovaire gauche, sur lequel se développaient de petits kystes. Pansement de

---

L'école de Guy's Hospital possède un musée pathologique excessivement riche en affections cutanées et vénériennes (pièces en cire), cette richesse tenant probablement, en partie du moins, à ce que l'administration de Londres n'exerce aucune espèce de surveillance et n'a pas de police des mœurs. — Les étudiants anglais sont moins bien partagés, au point de vue des dissections, que les étudiants parisiens, et surtout que les étudiants lyonnais. Un cadavre injecté coûte 5 à 6 livres sterling (125 à 150 fr.) ; c'est tout au plus si chaque table en reçoit deux durant tout le semestre d'hiver, le seul consacré comme chez nous, à ce genre d'études.

Lister. Le 25 du même mois, le clamp fut enlevé. La malade se leva pour la première fois le 16 juillet. A mon passage à Berne (novembre), ses règles étaient revenues deux fois, sous la forme d'un suintement sanguin, par la vulve et par la cicatrice abdominale. Celle-ci était *très profondément* déprimée, ou plutôt, elle se trouvait au fond d'un infundibulum étroit, formé par les parois de l'abdomen. Le prolapsus utérin s'était reproduit à peu près comme auparavant. Le col dépassait la vulve de 7 centimètres environ ; ses lèvres étaient grosses, tuméfiées, et sa cavité laissait pénétrer la première phalange de l'index. Il y avait cystocèle. Le vagin était représenté par une sorte de rigole circulaire, étroite, mesurant 4 centimètres de profondeur.

Zurich. — Le musée pathologique du professeur Frankenhauser, est une des choses qui m'ont le plus intéressé dans cette ville. Entre autres pièces remarquables, on y voit : 1° Un papilome double des ovaires, (opéré par Gusserow en 1868, et cité dans les archives de Virchow), qui était accompagné sur le vivant d'une ascite si considérable, qu'il y avait eu rupture, non-seulement de la ligne blanche, mais encore de la paroi abdominale. Ce cas, paraît-il, serait le seul de ce genre publié jusqu'ici. — 2° Un utérus bicorne, dans lequel un œuf s'était développé. La corne fécondée était petite et sans communication avec sa voisine. Il n'y avait qu'un seul vagin. La transmigration des spermatozoïdes, par conséquent, avait dû être externe. La corne avait éclaté au troisième mois ; de là, péritonite mortelle. — 3° Un autre utérus à peu près semblable, dans lequel l'une des cornes, ne communiquant ni directement ni indirectement avec le vagin, était cause du reflux d'une partie des menstrues dans la trompe de Fallope de son côté. Le sang s'y collecta comme dans une poche, et les parois, à force de se laisser distendre, se rompirent; de là la mort. — 4° Un énorme fibrome pédiculé, implanté à la surface de l'utérus, enlevé par une large incision pratiquée sur la paroi abdominale ; mort trois semaine après. — 5° Le bassin cyphotique du professeur Breslau, sur lequel quatre ou cinq corps de vertèbres lombaires ont disparu, détruits par le mal de Pott. etc, etc.

MUNICH. — Cette ville, assez bien partagée au point de vue de l'installation obstétricale, n'a pas de service gynécologique. C'est la seule où j'aie rencontré cette lacune. Le professeur Hecker fait un cours *théorique* de gynécologie en été, et le Dr Amann, professeur extraordinaire, est chargé de la polyclinique.

Munich est une cité remarquable sous le rapport de l'hygiène, et cependant la mortalité y est plus grande qu'ailleurs. Cela tient, d'après le professeur Hecker, à ce que les enfants y meurent en plus grande proportion. On les nourrit en effet au biberon dès la sixième semaine, parce que les Bavaroises ont généralement peu de lait et ne sont que des nourrices insuffisantes.

VIENNE. (1) — L'Allgemeinenkrankenhaus renferme des matériaux considérables pour l'instruction du médecin. Je n'en parlerai qu'au point de vue spécial qui m'intéresse.

La maternité, où se font 9,000 accouchements par année, comprend 600 lits, répartis également entre les professeurs Carl et Gustave Braun, et Speith; chacun d'eux possède aussi 20 à 25 lits de gynécologie. Ce sont en général de petites salles de 12 à 14 lits. On est loin de trouver ici le confortable que l'on rencontre dans les maternités modernes, à Halle, par exemple; il n'y a pas de berceaux; les accouchées gardent avec elles leur enfant. J'ai vu dans le service de Speith des lits réunis deux à deux, où trois femmes enceintes couchaient ensemble. Un fourneau sert à brûler les placentas : il en consume 6,000 kilogrammes par année.

---

(1) A Vienne, comme d'ailleurs dans toute l'Allemagne, les étudiants ne sont pas admis dans les services des hôpitaux. Les malades choisis par le professeur sont apportés à la salle de clinique, et là ils sont examinés par les élèves que le professeur interroge.

Lorsqu'une femme veut faire adopter son enfant par l'administration, il suffit qu'elle aille donner une partie de son lait, pendant trois ou quatre mois, à l'hôpital des Orphelins ; après quoi elle est absolument libre. Son enfant sera nourri au biberon et élevé jusqu'à l'âge de 10 ans, aux frais de l'Assistance publique. Voilà pour la grande maternité populaire de l'Allgemeinenkrankenhaus. Mais il existe à Vienne, une autre maternité plus petite (300 accouchements par année), confiée au Dr Ernest Braun et destinée aux personnes de la classe élevée. Ces personnes y entrent sans donner leur nom, et reçoivent simplement un numéro. Elle payent 2 ou 3 florins par jour (4 à 6 fr.), et, si elles ne veulent pas garder leur enfant, elles s'en déchargent complètement, moyennant la somme de 120 florins (240 fr.), versée entre les mains de l'administration. Cette somme est double si la personne n'est pas de Vienne. Cette formalité accomplie, la mère s'en va, et son enfant est enregistré comme citoyen viennois.

J'ai assisté à une conférence de C. Braun sur la valeur respective des différents spéculums actuellement employés. Le savant gynécologiste donne la préférence à celui de Simon (de Heidelberg) pour les opérations du vagin et du col, mais, pour les examens quotidiens du fond du vagin, il préfère celui de Fergusson, modifié par lui (caoutchouc durci, sans le miroir de verre qui se brise).

Le professeur viennois traite la métrite fongueuse par le raclage, suivi de l'injection de quelques gouttes de perchlorure de fer.

Parmi les opérations que je lui ai vu pratiquer, celle qui m'a peut-être le plus vivement intéressé, est l'ablation d'un cancer du col avec ouverture du péritoine. M. le Dr Poulet, dans le récit d'un voyage qu'il a fait l'année dernière à Vienne, insiste déjà sur ce point, qui l'avait également frappé. Voici sommairement cette observation, que j'ai recueillie moi-même jour par jour.

X..., 43 ans présente un cancer du col (volume d'une grosse mandarine) sans adhérences au vagin. Anesthésie au chloroforme. La tumeur est sectionnée dans l'espace de deux minutes, au fil galvano-caustique. On s'aperçoit aussitôt que le péritoine a été largement ouvert, puisque son cul-de-sac rétro-utérin se voit sur la partie amputée ; il y forme même une dépression en doigt de gant, qui reçoit la moitié de la première phalange de l'index : le lambeau séreux constituant sa paroi postérieure, mesure au moins 3 centimètres 1/2, car il a été coupé très obliquement. — C. Braun ne s'émeut nullement de cet accident. Depuis qu'il ampute ainsi le col, il a ouvert plus de trente fois le péritoine sans jamais occasionner la mort. Une seule fois, me dit-il, il est survenu quelques jours après, une hémorrhagie, d'ailleurs sans conséquences fâcheuses. — On applique alors du coton sur l'hypogastre en comprimant fortement, car la malade fait des efforts pour vomir ; sur ce coton on place un bandage de corps très serré, prenant appui sur le bassin, et l'on enlève avec des tampons d'ouate le sang qui reste dans le vagin. Là se borne habituellement l'œuvre du chirurgien. Mais dans ce cas particulier, l'ouverture du péritoine étant réellement considérable, C. Braun redoute une hémorrhagie intra-péritonéale, et juge prudent de refermer le cul-de-sac, en mettant dix ou douze sutures de fil de soie. Dans la soirée la température axillaire de la malade est de 37°.

Le lendemain matin, 4 décembre, T. 39°. La malade a très peu dormi ; langue humide, ventre non douloureux. Le soir, T. 38,3.

Le 5 décembre. T. m., 39,1. Langue humide, un peu saburrale ; aucune douleur abdominale. T. s., 37,8.

Le 6. T. m., 38° ; le soir, 37,6.

Le 7. T. m., 38,2 ; le soir, 38°. Odeur très fétide, due à des liquides qui s'écoulent par la vulve.

Le 8. T. m., 37,6 ; le soir, 38°.

Le 9. T. m., 37,6 ; le soir, 37, 6.

Le 10, T. m., 37,5 ; langue humide ; pouls, 68 ; n'a présenté aucun phénomène abdominal. Elle a toujours sur le ventre le coton et le bandage de corps, mais ce dernier n'exerce plus aucune pression. Toujours beaucoup d'odeur, malgré deux irrigations vaginales phéniquées, pratiquées matin et soir. État général très satisfaisant ; la malade va bien. Les fils de la suture péritonéale seront enlevés dans deux ou trois jours.

Cette observation, paraît-il, peut être considérée comme type; c'est ainsi que les choses se passent en pareil cas.

Mais, ces opérées ne doivent pas être perdues de vue. Au bout d'un an et demi, deux ans, l'orifice cervical s'oblitère et disparaît par le fait de la cicatrisation. Il en résulte des troubles menstruels, qui ramènent habituellement ces personnes à l'hôpital. J'ai vu plusieurs cas de ce genre dans le service de C. Braun : l'une de ces femmes avait été opérée deux ans auparavant par ce chirurgien, pour un épithélium du col ; il n'y avait pas trace de récidive. Dès sa rentrée à l'hôpital on rétablit, par discision au bistouri, l'orifice oblitéré, et, lorsque je la vis, tout malaise avait disparu. Au toucher, l'utérus était fixe, la partie vaginale presque nulle, ridée et dure.

Chez une autre femme opérée à la même époque le péritoine avait été largement ouvert, et trois jours après (c'est le cas auquel j'ai fait allusion plus haut), une énorme hémorrhagie intra-péritonéale et vaginale était survenue. On avait alors retiré tout ce sang par le vagin et suturé le cul de-sac ; les fils furent enlevés le dixième jour et la malade guérit, Quand je la touchai, le vagin était peu profond et sa muqueuse fortement plissée. Il arrive assez souvent, paraît-il, que ces cancers ou ces épithéliums ne récidivent pas ; il existe même encore à Vienne deux femmes que C. Braun a opérées, l'une il y a vingt ans, l'autre il y en a dix-huit.

L'Institut pathologique de l'Allgemeinenkrankenhaus possède dans son musée une très riche collection de monstres humains.

Je signalerai, en terminant ce que j'ai à dire de Vienne, un cas observé dans le petit hôpital privé de Rokitanski. Une femme, porteur d'un ventre excessivement développé, avait été opérée par la laparatonie, ce chirurgien croyant à un kyste de l'ovaire. C'était une hydronéphrose. L'intestin avait été déchiré, et il en était resulté un anus contre nature ; mais la malade était parfaitement guérie quant au reste.

PRAGUE. — Ici, comme à Vienne, la mère qui veut se débarrasser de son nourrisson, n'a qu'à aller pendant deux ou trois mois, en allaiter un second à l'hôpital des enfants ; le sien sera ensuite à la charge de l'administration jusqu'à l'âge de 6 ans ; autrefois, c'était jusqu'à 10. Telle est la raison de la proportion énorme des accouchements dans ces deux villes. Et cependant, m'a dit à ce propos. M. le professeur Weber, le directeur de la maternité, cette proportion serait encore plus forte si les femmes étaient secourues comme chez nous, c'est-à-dire, si on leur donnait 20 francs par mois, pendant la première année, pour élever leur enfant.

A Linz et à Brünn (autres villes autrichiennes), où les femmes venant accoucher à la maternité ne reçoivent pas de secours de l'administration, il y a une proportion bien moindre dans le chiffre des naissances.

Il existe, à la maternité de Prague, des salles dites *du secret*. Les personnes d'un rang élevé, intéressées à dissimuler une grossesse, y sont reçues sans être obligées de décliner ni leur nom, ni même leur nationalité.

Ce sont souvent, paraît-il, des Russes, des Allemandes, quelquefois même des Françaises. Les pensionnaires de première classe payent 2 florins (4 francs) par jour, et moyennant la somme de 200 florins, elles abandonnent définitivement leur enfant. Quelques-unes laissent en partant des plis cachetés entre les mains de l'administration.

Le professeur Breiski m'a montré les pièces provenant d'une opération de Porro, qu'il a pratiquée avec succès pour la mère et pour l'enfant. Suivant le conseil de Müller, il n'avait ouvert l'utérus qu'après l'avoir tiré au dehors par la plaie abdominale. J'ai vu dans son service de gynécologie, au Krankenhaus, un ulcère phagédénique disposé en couronne autour du museau de tanche. Cet ulcère, considéré par le professeur comme étant probablement un chancre syphilitique, formait une rigole assez profonde, anfractueuse et parfaitement circulaire, de telle sorte que l'ulcération gagnant en profondeur, menaçait de séparer l'extrémité du col de sa base.

Dresde. — Bien que cette ville ne possède pas d'université, elle a pourtant des hôpitaux et une maternité remarquables. Winckel, qui dirige cette dernière, a su attirer un certain nombre de jeunes docteurs, qui viennent, après leurs examens, compléter auprès de lui, leur instruction gynécologique et obstétricale. Dresde est la seule ville de l'Allemagne où existe une pareille institution (1). Les docteurs de toute nationalité sont admis à remplir dans cette maternité, pendant un temps indéfini, les fonctions d'interne: sur quinze docteurs que j'y ai vus, lors de mon passage, il y avait trois femmes docteurs, l'une russe l'autre autrichienne, et la troisième américaine. Tous ces docteurs reçoivent gratuitement le logement, le feu et la lumière ; ceux originaires de la Saxe reçoivent en outre 600 marks (700 francs) les deux premières années ; mais un règlement tout récent a dû restreindre un peu ces avantages matériels.

Quand la fièvre se déclare après un accouchement, Winckel se hâte de cautériser les déchirures du col et de la vulve avec du perchlorure de fer pur, puis il pratique des irrigations phéniquées vaginales et utérines. Si la température dépasse 39°, il fait prendre à la malade des bains à 24° Réaumur et lui administre, le premier jour, de la digitale à dose massive (jusqu'à 3 grammes de feuilles en infusion), et les jours suivants, de la quinine.

L'éminent professeur possède une collection excessivement riche de pièces gynécologiques, qu'il a lui-même préparées ; la plupart d'entre elles sont reproduites dans le bel ouvrage qu'il a publié sur la pathologie des organes génitaux (2).

---

(1) Il y en a une semblable à Dublin.

(2) Die Pathologie der weiblichen Sexual organe. Leipzig, 1878.

J'ai vu, entre autres choses à son service, une femme parfaitement guérie d'un prolapsus utérin par l'opération de Bischoff.

Berlin. — (1) Le professeur Schrœder fait très souvent (cinq ou six fois en moyenne par semaine), et toujours au couteau, l'amputation plus ou moins complète du col de l'utérus.

Il lui arrive quelquefois d'ouvrir le cul-de-sac postérieur, mais, de même que C. Braun, il ne s'en émeut pas et trouve cet accident sans gravité.

Dans certaines ulcérations rebelles du col, il enlève au bistouri la muqueuse intéressée et fait affronter les bords de la plaie.

J'ai vu à la polyclinique du Dr Martin une blanchisseuse de 25 ans, qui souffrait depuis fort longtemps de troubles menstruels, et à qui il avait, trois mois auparavant, pratiqué l'ablation des deux ovaires. Ces troubles menstruels étaient revenus, durant huit jours chaque fois, comme avant l'opération. Ce gynécologiste possède à Berlin, un petit hôpital de 20 lits. Sur 6 extirpations de rein (5 reins flottants, 1 tumeur du rein), il a eu 4 succès et 2 morts; encore l'une de ces dernières peut-elle être attribuée à l'imprudence d'un docteur américain, qui revenait de l'amphithéâtre.

Je ne dirai rien de particulier sur Leipzig, Halle, Francfort, Heidelberg, Bâle et Genève, car la plupart de mes observations sur ces différentes villes se rapportent principalement à des

---

(1) J'ai dit plus haut, à propos de l'ovariotomie, que Schrœder est le seul des chirurgiens allemands que j'ai vu opérer, qui suive réellement la méthode de Lister. J'ai assisté à des séances opératoires de Nusbaum, de Billeroth, de Langenbeck, etc. ; partout il y avait quelque chose de défectueux. Langenbeck, par exemple, à Berlin, se servait bien, pour la résection d'une tête fémorale, d'instruments plongés dans une solution phéniquée, mais la pulvérisation était insuffisante, l'opérateur et ses aides avaient leurs vêtements ordinaires, sans tablier, ni manchettes, et le pansement se composait simplement de compresses phéniquées *humides* et de coton.

questions générales, et figurent déjà pour cette raison dans la première et la seconde partie de ce mémoire. De même pour Milan, Venise, Rome et Naples. Le professeur Pasquali', à Rome, m'a cependant montré à la maternité de Saint-Jean-de Latran, quelques beaux types de bassin vicié, entre autres, un bassin oblique ovalaire vraiment remarquable.

Je terminerai par quelques mots sur Fribourg en Brisgau et Strasbourg.

On sait que la castration de la femme est l'opération favorite du professeur Hégard, qui l'a déjà pratiquée plus de 44 fois (bilatérale). Ce que l'on sait peut-être moins bien, ce sont les indications précises qui commandent une telle opération. Je suis revenu de Fribourg parfaitement convaincu que l'on peut enlever à la femme, ses deux ovaires sans lui faire courir de très grands dangers, mais j'avoue que je suis moins fixé sur les résultats que l'on doit en attendre. Voici cependant deux cas que m'a présentés M. le professeur Hégard.

Le premier concernait une personne de 45 à 50 ans, porteur d'un fibrome utérin (du volume d'une tête de fœtus), et à qui il avait pour cette raison, cinq semaines auparavant, enlevé les deux ovaires. Il avait fait ici une laparotomie double, tandis qu'il ne pratique ordinairement qu'une seule incision sur la ligne médiane. Les métrorrhagies abondantes auxquelles elle était presque constamment sujette avant l'opération n'avaient pas reparu.

Dans le second cas, il s'agissait d'une femme de 42 ans, opérée depuis trois ans, pour le même motif que la précédente. La tumeur fibreuse remontait, paraît-il, avant l'opération, jusqu'à 2 centimètres au-dessus de l'ombilic, tandis qu'au moment où je l'ai vue, elle avait considérablement diminué; c'est à peine si on la sentait encore. Quant aux pertes, elles avaient disparu.

STRASBOURG. — Parmi les malades de Koeberlé, il en est une qui a plus particulièrement attiré mon attention ; c'était une Parisienne, de 38 ans environ, opérée récemment d'un énorme fibrome de la paroi antérieure de l'utérus. Depuis plusieurs années, cette personne souffrait beaucoup, surtout au moment des règles : c'est tout au plus, disait-elle, si les douleurs cessaient huit jours par mois. Après deux ans d'expectation, Kœberlé s'était décidé à intervenir ; mais, vu les dimensions de la tumeur, il avait dû renoncer à l'extirper par les voies génitales. Il incisa donc la paroi abdominale jusqu'à 3 centimètres de l'appendice xiphoïde, pratiqua l'utérotomie, et, pour prévenir les troubles menstruels, enleva les deux ovaires. La tumeur mesurait 18 centimètres, sur 16. Cette personne parfaitement guérie, lorsque je l'ai vue, ne présentait plus aucun phénomène douloureux.

Annales de dermatologie et de syphiligraphie (2e série), publiées par MM. Ernest *Besnier*, médecin de l'hôpital Saint-Louis. — *Diday*, ancien chirurgien en chef de l'Antiquaille de Lyon. — A. *Doyon*, médecin-inspecteur des Eaux d'Uriage. — A. *Fournier*, professeur à la Faculté de médecine, médecin de l'hôpital Saint-Louis. — *Gailleton*, professeur à la Faculté de médecine de Lyon. — P. *Horteloup*, chirurgien de l'hôpital du Midi. — *Rollet*, professeur à la Faculté de médecine de Lyon. — *Trasbot*, professeur à l'École vétérinaire d'Alfort.

Les Annales de dermatologie et de syphiligraphie paraissent par cahiers trimestriels les 25 janvier, 25 avril, 25 juillet et 25 octobre, dans le format grand in-8°, avec figures et planches. Prix de l'abonnement annuel : Paris, 20 fr. Départements, 22 fr.

Traité des maladies de la peau, comprenant les exanthèmes aigus, par MM. *Hébra* et *Kaposi*, professeurs à la Faculté de Vienne, traduit et annoté par le Dr *Doyon*. 2 vol gr. in-8° avec figures dans le texte. 32 fr.

Précis d'histologie humaine et d'histogénie. Deuxième édition, entièrement refondue, par M. G. *Pouchet*, maître de conférences à l'Ecole normale supérieure, et M. F. *Tourneux*, préparateur au laboratoire d'histologie zoologique de l'École des hautes études. 1 vol. gr. in-8, de VIII-816 pares avec 218 figures dans le texte............ 15 fr.

Guide de l'élève et du praticien, pour les travaux pretiques de micrographie comprenant la technique et les applications du microscope à l'histologie végétale, à la physiologie, à la clinique, à l'hygiène et à la médecine légale, par H. *Beauregard*, professeur agrégé à l'École supérieure de pharmacie, et V. *Galippe*, ancien chef des travaux pratiques de micrographie à l'Ecole supérieure de pharmacie. 1 vol. in-8 de 900 pages, avec 570 figures dans le texte.............. 15 fr

Manuel du microscope, dans ses applications au diagnostic et à la clinique, par MM. *Duval* et *Lereboullet*. 2e édition entièrement revue 1 vol in-18, avec 96 figures dans le texte, cartonné à l'anglaise, de la collection diamant...................................... 6 fr.

Paris. — A. PARENT, imp. de la Faculté de Médecine, r. M.-le-Prince, 29-31.

www.ingramcontent.com/pod-product-compliance
Ingram Content Group UK Ltd.
Pitfield, Milton Keynes, MK11 3LW, UK
UKHW020452230726
13925UKWH00005B/1893

9 782013 380553